サイパー思考力算数練習帳シ

シリーズ３６

数の性質２　約数・公約数

整数範囲：かけ算・わり算が正確にできること

（「シリーズ３５　倍数」を学習しているとさらによい）

◆　本書の特長

１、算数･数学の考え方の重要な基礎であり、中学受験のする上での重要な要素である数の性質の中で、本書は約数について、基礎から詳しく説明しています。

２、自分ひとりで考えて解けるように工夫して作成されています。他のサイパー思考力算数練習帳と同様に、**教え込まなくても学習できる**ように構成されています。

３、約数と同時に素因数の意味も理解し、その上で公約数を学びます。基礎の理解の上に、連除法など効率のよい解き方について説明しています。公約数を利用した問題も学習します。

◆　サイパー思考力算数練習帳シリーズについて

ある問題について同じ種類・同じレベルの問題をくりかえし練習することによって、確かな定着が得られます。

そこで、中学入試につながる文章題について、同種類・同レベルの問題をくりかえし練習することができる教材を作成しました。

◆　指導上の注意

①　解けない問題、本人が悩んでいる問題については、お母さん（お父さん）が説明してあげて下さい。その時に、できるだけ具体的なものにたとえて説明してあげると良くわかります。

②　お母さん（お父さん）はあくまでも補助で、問題を解くのはお子さん本人です。お子さんの達成感を満たすためには、「解き方」から「答」までの全てを教えてしまわないで下さい。教える場合はヒントを与える程度にしておき、本人が自力で答を出すのを待ってあげて下さい。

③　お子さんのやる気が低くなってきていると感じたら、無理にさせないで下さい。お子さんが興味を示す別の問題をさせるのも良いでしょう。

④　丸付けは、その場でしてあげて下さい。フィードバック（自分のやった行為が正しいかどうか評価を受けること）は早ければ早いほど、本人の学習意欲と定着につながります。

もくじ

約数・・・・・・・・・・・・・・・・・・・・・・・・3

素数と素因数・・・・・・・・・・・・・・・・・・・・7

素数と約数・・・・・・・・・・・・・・・・・・・・１１

演習問題１・・・・・・・１４

演習問題２・・・・・・・１５

演習問題３・・・・・・・１６

テスト１・・・・・・・・・・・・・１７

テスト２・・・・・・・・・・・・・１９

テスト３・・・・・・・・・・・・・２１

公約数・・・・・・・・・・・・・・・・・・・・・・２４

テスト４・・・・・・・・・・・・・３４

公約数の利用・・・・・・・・・・・・・・・・・・・３７

演習問題４・・・・・・・４３

テスト５・・・・・・・・・・・・・４５

解答・・・・・・・・・・・・・・・・・・・・・・・４７

約数

１２という数をかけ算の形で表してみますと、

１×１２＝１２　　２×６＝１２　　３×４＝１２
２×２×３＝１２　１×２×６＝１２　…

などと書き表すことができます。たとえば２×６の２と６の意味は
１２÷２＝6　　１２÷６＝２
つまり、１２は２でも割り切れるし、６でも割り切れる、ということを表しています。
同じように３×４は
１２÷３＝４　　１２÷４＝３　で
１２は３でも４でも割り切れるということを表しています。

これら「1、２、３、４、６、１２」を、「１２の約数」と言います。「１２の約数」とは、１２を割り切ることのできる整数を意味しています。

１２の約数＝｛1、２、３、４、６、１２｝

例題１、２４の約数を全て書き出しなさい。

答を求める時に、「１で割れる(当たり前！)」「２で割れるかな？→割り切れる！」「３で割れるかな？→割り切れる！」「４で割れるかな？→割り切れる！」「５で割れるかな？→割り切れない！！！」と順に考えていくのが自然な方法なのですが、数が大きいと時間もかかるし、途中で抜けてしまうこともあります。ですから、次のような方法で考えてみましょう。

小さいものから、割り切れる数を順に考えていきます。まずは「1」があります。(１は全ての数の約数です)　約数として「1」を考えた時、実際に２４を１で割ってみます。

２４÷１＝２４　ですね。この時、わり算の答である「２４」も約数になります。こうして、１つ約数を見つけたら、その数でわり算した答も約数になるので、同時にもう１つの約数を見つけることができます。

約数

次に割り切れる小さな数字は「2」です。この時、２４を２で割った答１２も、２４を割り切ることができますから、２４の約数です。こうして１を見つけたらそれに対応する２４、２を見つけたらそれに対応する１２を、と書き出していきます。

1				１は必ず約数です。１を書いたら次に、２４を１で割ります。

1				２４÷１＝２４の「２４」を下に書きます。
24				

1	**2**			次に割り切れる数の小さなものは、２です。そして２４を２で割ります。
24				

1	2			２４÷２＝１２　２の下に１２を書きます。
24	**12**			

1	2	**3**		次に割り切れる数の小さな整数は３。３を書いたら、２４を３で割ります。
24	12			

1	2	3		２４÷３＝８　３の下に８を書きます。
24	12	**8**		

1	2	3	**4**	次に割り切れる数の小さな整数は４。４を書いたら、２４を４で割ります。
24	12	8		

1	2	3	4	２４÷４＝６　４の下に６を書きます。
24	12	8	**6**	

				×	
1	2	3	4	**5**	４の次は５ですが、５は２４を
24	12	8	6		割り切れません。5の次は6ですが、

6はすでに書いてありますから、もう書く必要はありません。

約数

例題１の解答

$$\begin{Bmatrix} 1 & 2 & 3 & 4 \\ 24 & 12 & 8 & 6 \end{Bmatrix}$$

類題１、次の整数の、それぞれ約数を全て書き出しなさい。

①、６

答、$\{ \qquad \}$

②、３６

答、$\{ \qquad \}$

③、１２５

答、$\{ \qquad \}$

④、１２０

答、$\{ \qquad \}$

⑤、１８０

答、$\{ \qquad \}$

約数

類題１の解答

①、６

答									
	1	2							
	6	3							

②、３６

答									
	1	2	3	4	6				
	36	18	12	9	×				

３６＝６×６だけれども、↑　２回目の６は書かなくても良い。

③、１２５

答									
	1	5							
	125	25							

④、１２０

答									
	1	2	3	4	5	6	8	10	
	120	60	40	30	24	20	15	12	

⑤、１８０

答									
	1	2	3	4	5	6	9	10	12
	180	90	60	45	36	30	20	18	15

類題２、次の整数の、それぞれ約数を全て書き出しなさい。

①、１７

②、２３

答、

③、９７

答、

類題２の解答

①、１７

答　｛　１　１７　｝

②、２３

答　｛　１　２３　｝

③、９７

答　｛　１　９７　｝

③などは、探すのが難しかったかもしれませんね。

類題２に出てきた整数のように、１と自分自身の２つだけ約数を持つ整数のことを**素数**（そすう）と言います。整数の中で、素数は不規則に並んでいますので、どの数が素数かは調べてみないと分かりません。１～１００までの素数を、次のページに書いておきました。覚えておくと便利です。

素数と素因数分解

１～１００の素数

２　３　５　７　１１　１３　１７　１９　２３
２９　３１　３７　４１　４３　４７　５３　５９　６１
６７　７１　７３　７９　８３　８９　９７

（１は素数にふくみません）

素因数分解

１以外の全ての整数は、１個以上の素数のかけ算で表すことができます。２個以上の素数のかけ算で表すことのできる整数を、合成数と言います。

合成数を、素数のかけ算の形で表すことを、**素因数分解**と言います。

「シリーズ３５　倍数」で公倍数を学習した時に、「連除法」というのをやりました。それとにた方法で、素因数分解することができます。実際にやってみましょう。

例題２、３６を素因数分解しなさい。

①
```
 ) 36
 ‾‾‾‾‾
```

②
```
2) 36
 ‾‾‾‾‾
```

③
```
2) 36
 ‾‾‾‾‾
   18
```

④
```
2) 36
 ‾‾‾‾‾
2) 18
 ‾‾‾‾‾
    9
```

⑤
```
2) 36
 ‾‾‾‾‾
2) 18
 ‾‾‾‾‾
3)  9
 ‾‾‾‾‾
    3
```

①まず、わり算を筆算するときの記号のさかさまのようなものに３６と書きます。

②次に、３６を割ることのできる一番小さな素数を考えます。ここでは２です。２を左側に書きます。

③３６を２で割った答を下に書きます。

④また、割り切れる一番小さな素数を左に書いて、わり算をします。

⑤同じように割り切れる一番小さな素数を左に書いて、わり算をします。割った答えが素数になるまで続けます。

答、３６＝２×２×３×３

類題３、つぎの整数を、それぞれ素因数分解しなさい。

①、２４

答、２４＝

②、５０

答、５０＝

③、２１０

答、２１０＝

④、３６０

答、３６０＝

素数と素因数分解

類題３の解答

①

```
2 ) 24
2 ) 12
2 )  6
     3
```

答、２４＝２×２×２×３

②

```
2 ) 50
5 ) 25
     5
```

答、５０＝２×５×５

③

```
2 ) 210
3 ) 105
5 )  35
      7
```

答、２１０＝２×３×５×７

④

```
2 ) 360
2 ) 180
2 )  90
3 )  45
3 )  15
      5
```

答、３６０＝２×２×２×３×３×５

例題３、３６０の約数を全て書き出しなさい。

$$\left\{\begin{matrix} 1 & 2 & 3 & 4 & 5 & 6 & 8 & 9 & \cdots \\ 360 & 180 & 120 & 90 & 72 & 60 & 45 & 40 & \end{matrix}\right\}$$

　どこまであるのでしょうか。なかなか書き出して探すのはたいへんですね。もちろん、全て書き出すことのできるだけの正確な作業性は、これからの学習に必要な力です。しかし同時にそれ以外の方法も知っておくと便利です。別の方法をここでは説明しましょう。

素数と約数

先に学習した素因数分解を利用して考えます。

３６０を素因数分解すると　３６０＝２×２×２×３×３×５　でした。すると、このかけ算の式に出てきた「2」「3」「5」という数字は、必ず３６０を割り切ることができるので、３６０の約数だと言えます。

また、２×２＝４なので、　３６０＝**２×２**×２×３×３×５　の**太字**の部分を４に書きかえて、３６０＝**４**×２×３×３×５　としても式は成り立ちますから、４も３６０の約数です。

同じように、２×３＝６なので、　３６０＝２×２×**２×３**×３×５　の**太字**の部分を６に書きかえて、３６０＝２×２×**６**×３×５　としても式は成り立ちますから、６も３６０の約数と言えます。

同じく、３×５＝１５なので、　３６０＝２×２×２×３×**１５**ですから、１５も３６０の約数です。

同じように考えてゆくと、３６０を素因数に分解した「2、2、2、3、3、5」の数字のそれぞれをかけ算したものは、全て３６０の約数だと言えることになります。したがって、「2、2、2、3、3、5」の数字をいくつか組み合わせたもののかけ算の答を書き出せば、３６０の約数を書き出したことになります。

素数１つ

2　　3　　5

素数２つ

２×２＝４　　２×３＝６　　２×５＝１０　　３×３＝９　　３×５＝１５

素数３つ

２×２×２＝８　　２×２×３＝１２　　２×２×５＝２０

２×３×３＝１８　　２×３×５＝３０　　３×３×５＝４５

素数と約数

素数４つ

２×２×２×３＝２４　　２×２×２×５＝４０　　２×２×３×３＝３６

２×２×３×５＝６０　　２×３×３×５＝９０

素数５つ

２×２×２×３×３＝７２　　２×２×２×３×５＝１２０

２×２×３×３×５＝１８０

素数６つ

２×２×２×３×３×５＝３６０

それらに、どんな整数の約数でもある「1」を加えると、３６０の約数は全て求まりました。

｛ 2　3　5　4　6　１０　9　１５　8　１２　２０　１８　３０
　４５　２４　４０　３６　６０　９０　７２　１２０　１８０　３６０　1 ｝

整理して、小さいものから順にならべて書きましょう。

｛ 1　2　3　4　5　6　8　9　１０　１２　１５　１８　２０　２４
　３０　３６　４０　４５　６０　７２　９０　１２０　１８０　３６０ ｝

※思考力算数練習帳シリーズ２４「組み合わせ」参照

類題４、次の整数の約数を、素因数分解を用いて、全て書き出しなさい。

①、１０

答、＿＿＿＿＿＿＿＿＿＿＿＿

素数と約数

②、１８

答、＿＿＿＿＿＿＿＿

③、２１０

答、＿＿＿＿＿＿＿＿

＿＿＿＿＿＿＿＿

類題４の解答

①

```
2 ) 10
     5
```

１０＝２×５

約数｛１　２　５　２×５｝

答、１　２　５　１０

②

```
2 ) 18
3 )  9
     3
```

１８＝２×３×３

約数｛１　２　３　２×３　３×３　２×３×３｝

答、１　２　３　６　９　１８

③

```
2 ) 210
3 ) 105
5 )  35
      7
```

２１０＝２×３×５×７

約数｛１　２　３　５　７　２×３　２×５　２×７
３×５　３×７　５×７　２×３×５　２×３×７
２×５×７　３×５×７　２×３×５×７｝

答、１　２　３　５　６　７　１０　１４　１５　２１
３０　３５　４２　７０　１０５　２１０

演習問題１

例にならって、 約数を全部書き出しなさい。

例、３６ ｛ １　２　３　４　６ / ３６　１８　１２　９ ｝

①、１８ ｛　　　｝

②、６４ ｛　　　｝

③、１５０ ｛　　　｝

④、２１０ ｛　　　｝

⑤、１２７ ｛　　　｝

⑥、４５０ ｛　　　｝

演習問題２

次の数を、それぞれ素因数分解しなさい。

①、８

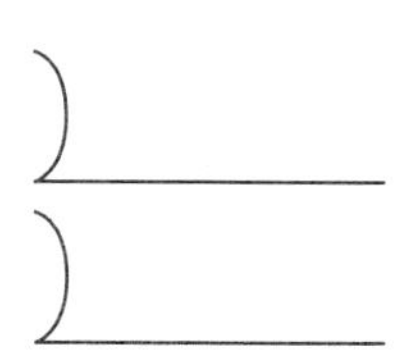

②、２７

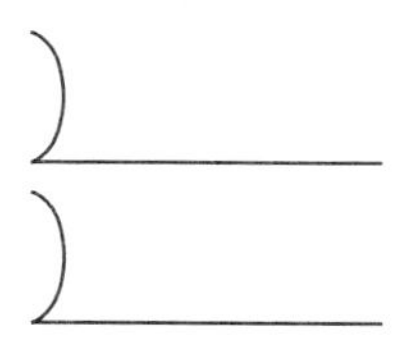

③、３０

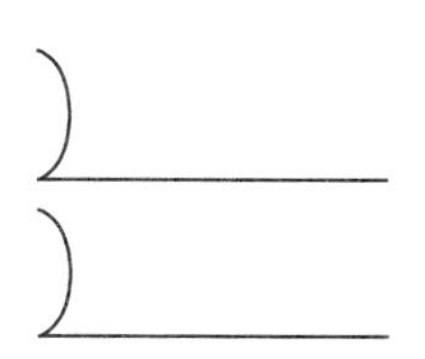

④、１４０

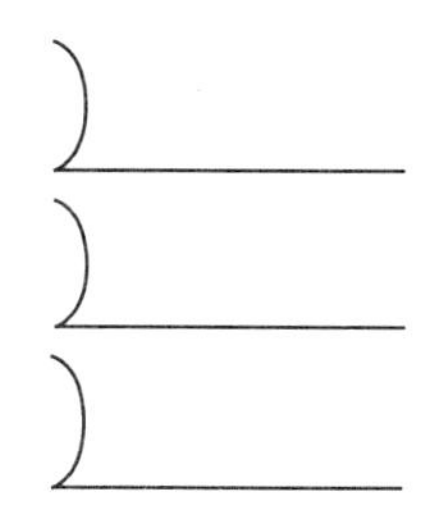

⑤、９９

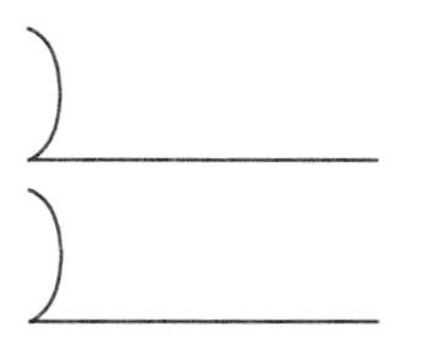

⑥、１８０

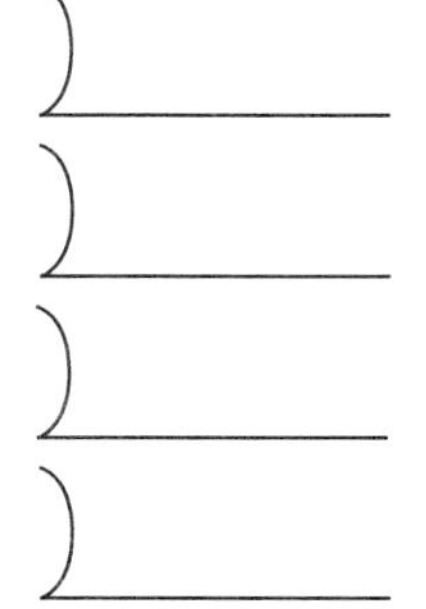

演習問題３

例にならって、それぞれ素数のかけ算の形で、約数を全て答えなさい。

例、２４

```
2 ) 24
2 ) 12
2 )  6
     3
```

答、

	１（全ての整数の約数）
素数１つ	２　３
素数２つ	２×２　２×３
素数３つ	２×２×２　２×２×３
素数４つ	２×２×２×３

①、１２

答、

②、３０

答、

③、４０

答、

テスト１

点／１００　合格８０点

例にならって、 約数を全部書き出しなさい。（各１０点）

例、３６ $\left\{ \begin{matrix} 1 & 2 & 3 & 4 & 6 \\ 36 & 18 & 12 & 9 & \end{matrix} \right\}$

①、２００ $\left\{ \quad \right\}$

②、５４ $\left\{ \quad \right\}$

③、３５０ $\left\{ \quad \right\}$

④、６６ $\left\{ \quad \right\}$

⑤、１３７ $\left\{ \quad \right\}$

テスト１

⑥、１３５ ｛　　｝

⑦、５４０

｛　　｝

⑧、１２８ ｛　　｝

⑨、１６３ ｛　　｝

⑩、６００

｛　　｝

テスト２

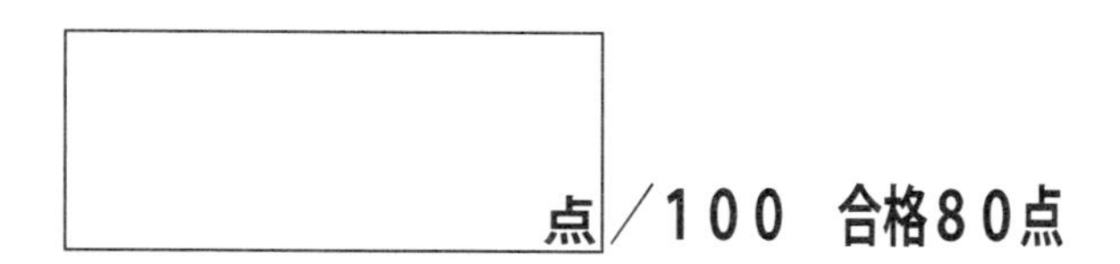
点／１００　合格８０点

次の数を、それぞれ素因数分解しなさい。（各１０点）

①、１２

②、１６

③、３６

④、１４０

テスト２

⑤、７２

⑥、１２０

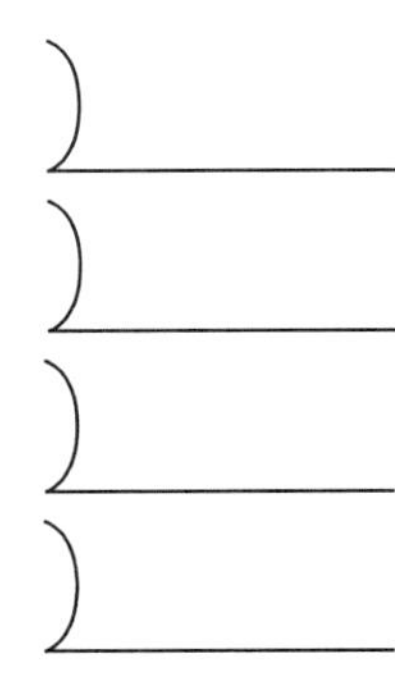

⑦、１６８

⑧、３６０

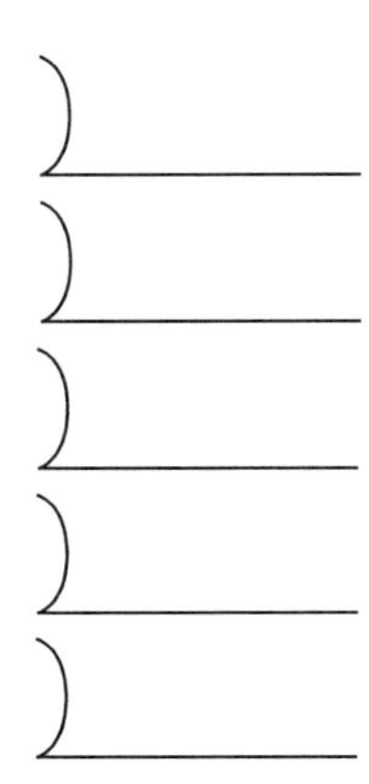

⑨、１０８０

⑩、１００８

テスト３

点／１００　合格８０点

「演習問題３ (P16)」にならって、それぞれ素数のかけ算の形で、約数を全て答えなさい。（各１０点）

①、４　　　　答、

②、６　　　　答、

③、１８　　　　答、

④、４５　　　　答、

テスト３

⑤、１２５　　　　　　答、

⑥、５０　　　　　　答、

⑦、２１０　　　　　　答、

テスト３

⑧、２８０　　　　　　答、

⑨、３００　　　　　　答、

⑩、１０６　　　　　　答、

公約数

１６の約数 $\begin{Bmatrix} \mathbf{1} & \mathbf{2} & \mathbf{4} \\ 16 & 8 & \end{Bmatrix}$

２０の約数 $\begin{Bmatrix} \mathbf{1} & \mathbf{2} & \mathbf{4} \\ 20 & 10 & 5 \end{Bmatrix}$

２つの整数の約数をこうしてならべて書いてみると、共通の約数があります。この１６の約数と２０の約数では、１と２と４が共通です。

この１と２と４のように、１６の約数でもあり、２０の約数でもある数のことを、**１６と２０の公約数**と言います。

例題４、１８と２４の公約数を、それぞれ書き出して求めなさい。

１８ $\begin{Bmatrix} \mathbf{1} & \mathbf{2} & \mathbf{3} & \\ 18 & 9 & \mathbf{6} & \end{Bmatrix}$

２４ $\begin{Bmatrix} \mathbf{1} & \mathbf{2} & \mathbf{3} & 4 \\ 24 & 12 & 8 & \mathbf{6} \end{Bmatrix}$

答、　１　２　３　６

類題５、次のそれぞれの公約数を、全て書き出して求めなさい。

①、１２と１６

答、＿＿＿＿＿＿＿＿

公約数

②、３０と１０５

答、

③、４５と５４

答、

類題５の解答

① １２ { **1** **2** ３ / １２ ６ **4** }

１６ { **1** **2** **4** / １６ ８ }

答、　１　　２　　４

② ３０ { **1** ２ **3** **5** / ３０ **15** １０ ６ }

１０５ { **1** **3** **5** ７ / １０５ ３５ ２１ **15** }

答、　１　　３　　５
　　　１５

公約数

③　４５ ｛ **1**　**3**　5 ／ ４５　１５　**9** ｝

５４ ｛ **1**　2　**3**　6 ／ ５４　２７　１８　**9** ｝

答、１　３　９

これまでの例題や類題の答を見て、何か気づいたことはありませんか。

どの公約数にも、「１」は必ず含まれていましたね。「１」は全ての整数の約数です。

「思考力算数練習帳シリーズ３５」で勉強したように、公倍数の数は無数にありますが、公約数の数は限られています。この公約数のうち、最も大きなものを**最大公約数**といいます。(公倍数の最も小さいものを、最小公倍数と言いましたね)

類題５の公約数を整理してみましょう。

①、１２と１６の公約数｛1　2　4｝　最大公約数は４

②、３０と１０５の公約数｛1　3　5　１５｝　最大公約数は１５

③、４５と５４の公約数｛1　3　9｝　最大公約数は9

４の約数は ｛1　2 ／ 4｝ だから、

①の「１２と１６」の公約数｛1　2　4｝は４の約数でもあります。

１５の約数は ｛1　3 ／ １５　5｝ だから、

②の「３０と１０５」の公約数｛1　3　5　１５｝は１５の約数でもあります。

同じように③の「４５と５４」の公約数｛1　3　9｝は９の約数でもあります。

以上から分かるように、**公約数は最大公約数の約数**になっています。

公約数

そこで考えられるのは、**最大公約数がわかれば、全ての公約数がわかる**ということです。

３つ以上の公約数も同じです。確認してみましょう。

例題５、８４と２１０と３１５の公約数を、書き出して求めなさい。

８４	**1**	２	**3**	４	６	**7**		
	８４	４２	２８	**21**	１４	１２		
２１０	**1**	２	**3**	５	６	**7**	１０	１４
	２１０	１０５	７０	４２	３５	３０	**21**	１５
３１５	**1**	**3**	５	**7**	９	１５		
	３１５	１０５	６３	４５	３５	**21**		

答、１　３　７　２１

最大公約数は２１です。２１の約数は　２１ { １　３ / ２１　７ }　ですから、

８４と２１０と３１５の公約数とぴったり合っています。

最大公約数の約数が公約数である、つまり最大公約数１つみつけると、全ての公約数が見つかるというのは、正しいのです。

さて、最大公約数を簡単に見つける方法があります。「思考力算数練習帳シリーズ３５」で最小公倍数を求めたのと、非常に似た方法でおこないます。連除法を使います。

例えば、３０と１０５でやってみましょう。

公約数

```
3) 30  105
  ─────────
5) 10   35
  ─────────
    2    7
```

こうでしたね。

最大公約数は、左にでた数「３　５」だけをかけ算します。（最小公倍数を求めるときは、「３　５　２　７」をかけ算しました。そのちがいに注意しておきましょう。）

３×５＝１５…最大公約数

公約数は、最大公約数の約数ですから、１５の約数を求めると３０と１０５の公約数全てが求まります。

```
１５ ｛  １   ３ ｝
     ｛ １５   ５ ｝
```

したがって、３０と１０５の公約数は｛１　３　５　１５｝となります。

類題６、それぞれ連除法によって最大公約数を求め、公約数を書き出しなさい。

①、８４と９０

答、＿＿＿＿＿＿＿＿＿＿

公約数

②、４０と４８

答、＿＿＿＿＿＿＿＿

③、１８０と３００

答、＿＿＿＿＿＿＿＿

類題６の解答

①

```
2 ) 84  90
3 ) 42  45
    14  15
```

最大公約数は　$2 \times 3 = 6$

６の公約数　$\begin{Bmatrix} 1 & 2 \\ 6 & 3 \end{Bmatrix}$

答、　１　２　３　６

②

```
2 ) 40  48
2 ) 20  24
2 ) 10  12
     5   6
```

最大公約数は　$2 \times 2 \times 2 = 8$

８の公約数　$\begin{Bmatrix} 1 & 2 \\ 8 & 4 \end{Bmatrix}$

答、　１　２　４　８

公約数

③
```
2 ) 180  300
2 )  90  150
3 )  45   75
5 )  15   25
      3    5
```

最大公約数は　２×２×３×５＝６０

６０の公約数 ｛１　２　３　４　５　６ / ６０　３０　２０　１５　１２　１０｝

答、１　２　３　４　５　６　１０
１２　１５　２０　３０　６０

連除法で割る時には、小さい素数で割るのが基本ですが、右のように割り切れるどんな数で割ってもかまいません。なれてきたら、割りやすい数字で割りましょう。

```
10 ) 180  300
 6 )  18   30
       3    5
```

最小公倍数：１０×６＝６０

例題６、３０と５０と６０の最大公約数を求めなさい。

連除法で解いてみましょう。

```
2 ) 30  50  60
5 ) 15  25  30
3 )  3   5   6
     1   5   2
```

最大公約数は　２×５×３＝３０

答、３０

で、合っているでしょうか？　３０を３０で割ることはできます。６０も３０で割ることができます。しかし５０を３０で割り切ることはできませんね。３０は５０の約数ではありません。だから求めた３０は、３０と５０と６０の公約数ではないことになります。どうしてこうなったのでしょうか？

謎を解く前に、本当の最大公約数を探してみましょう。連除法ではまちがってしまったので、全部書き出して考える方法でやってみましょう。

公約数

$$30\ \begin{Bmatrix} \mathbf{1} & \mathbf{2} & 3 & \mathbf{5} \\ 30 & 15 & \mathbf{10} & 6 \end{Bmatrix}$$

$$50\ \begin{Bmatrix} \mathbf{1} & \mathbf{2} & \mathbf{5} \\ 50 & 25 & \mathbf{10} \end{Bmatrix}$$

$$60\ \begin{Bmatrix} \mathbf{1} & \mathbf{2} & 3 & 4 & \mathbf{5} & 6 \\ 60 & 30 & 20 & 15 & 12 & \mathbf{10} \end{Bmatrix}$$

公約数は｛１　２　５　１０｝。最大公約数は１０です。３０ではありませんでしたね。この１０が正しい最大公約数です。

```
 2 ) 30  50  60
 5 ) 15  25  30
(3)   3  (5)  6
      1  (5)  2
```

この連除法のどこがまちがっていたか。
実は○の部分がまちがっていました。

最小公倍数を求めるときは、このやり方で全く正しいのですが、最大公約数を求めるときは、少しやり方が異なります。

```
 2 ) 30  50  60
 5 ) 15  25  30
 × )  3   5   6
      ×   ×   ×
```

最小公倍数を求めるときは、３つ共通に割り切れる数がないときは、２つを割り切ることのできる数で割っても良かったのですが、**最大公約数の時は、３つとも割り切れる数以外では割ってはいけません**。これが最小公倍数を求めるときと最大公約数を求めるときの、求め方の大きなちがいです。

```
 2 ) 30  50  60
 5 ) 15  25  30
      3   5   6
```

ここで終了！

最大公約数は　２×５＝１０

答、　１０

公約数

類題７、それぞれ連除法によって最大公約数を求め、公約数を書き出しなさい。

①、１２と１８と３０

答、＿＿＿＿＿＿＿＿

②、３０と４５と７５

答、＿＿＿＿＿＿＿＿

③、４２と１０５と１２６と２１０

答、＿＿＿＿＿＿＿＿

公約数

類題７の解答

①

```
2 ) 12  18  30
   ──────────────
3 )  6   9  15
   ──────────────
     2   3   5
```

最大公約数は　２×３＝６

６の約数 $\begin{cases} 1 & 2 \\ 6 & 3 \end{cases}$

答、１　２　３　６

②

```
3 ) 30  45  75
   ──────────────
5 ) 10  15  25
   ──────────────
     2   3   5
```

最大公約数は　３×５＝１５

１５の約数 $\begin{cases} 1 & 3 \\ 15 & 5 \end{cases}$

答、１　３　５　１５

③

```
3 ) 42  105  126  210
   ─────────────────────
7 ) 14   35   42   70
   ─────────────────────
     2    5    6   10
```

最大公約数は　３×７＝２１

２１の約数 $\begin{cases} 1 & 3 \\ 21 & 7 \end{cases}$

答、１　３　７　２１

テスト４

点／１００　合格８０点

それぞれ連除法によって最大公約数を求め、公約数を書き出しなさい。（各１０点）

①、２４と３６

答、

②、４２と６０

答、

③、１０５と１４０

答、

テスト４

④、３０と７５と１０５

答、＿＿＿＿＿＿＿＿

⑤、５０と７５と１２５

答、＿＿＿＿＿＿＿＿

⑥、７２と１２０と３６０

答、＿＿＿＿＿＿＿＿

テスト４

⑦、８４と２１０と２５２と６３０

答、

⑧、１３８と２３０と２７６と３４５

答、

⑨、１６８と２５２と５０４と１１７６と２５２０

答、

⑩、１８２と２７３と５４６と２７３０と３８２２

答、

公約数の利用

例題６、下の図のように、たて２４cm、よこ４０cm の長方形の中に、はしからはしまですきまなく正方形の紙をならべます。この時、ならべる正方形の紙をできるだけ大きいものにした時、正方形の１辺は何 cm になりますか。また、正方形は何枚必要ですか。

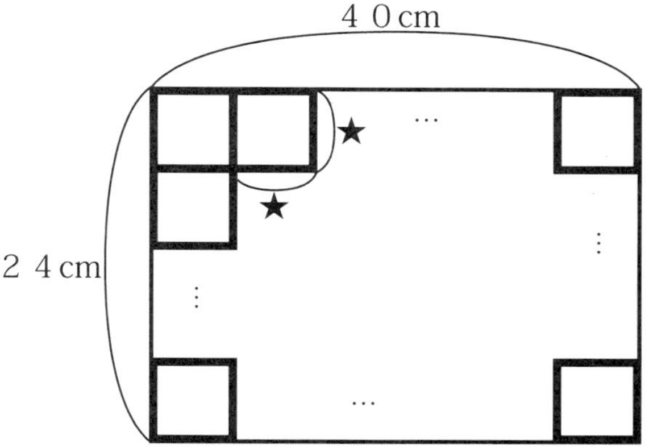

例えば、たて１cm、よこ１cm の正方形（★＝１cm）の場合、ぴったりとすきまなくならびますね。たて２cm、よこ２cm の正方形（★＝２cm）でも、すきまなくならべることができます。

このようにすきまなく、ぴったりとならべることのできる正方形を考えます。

たての部分で考えると、★は２４cm の中にぴったりとならぶのですから、★は２４cm を割り切ることのできる数、つまり★は２４の約数になることがわかります。

同様によこの部分では、★は４０cm の中にぴったりとならぶのですから、★は４０cm を割り切ることのできる数、つまり★は４０の約数となります。

★は正方形の一辺で、たてもよこも同じ長さですから、★は２４の約数でもあり４０の約数でもあります。つまり★は２４と４０の公約数ということが言えます。

さらに問題で「**ならべる正方形の紙をできるだけ大きいものにした時**」とありますから、★は２４と４０の公約数の中で、最も大きいもの、つまり★は２４と４０の最大公約数ということになります。

```
2 ) 24  40
2 ) 12  20
2 )  6  10
     3   5
     ↑   ↑
```

実はこの３はたての枚数！　実はこの５はよこの枚数！

２×２×２＝８…最大公約数＝★

２４cm÷８cm＝３枚…たての枚数
４０cm÷８cm＝５枚…よこの枚数
３枚×５枚＝１５枚

答、８cm、１５枚

公約数の利用

類題８、長方形の中に、はしからはしまですきまなく正方形の紙をならべます。この時、ならべる正方形の紙をできるだけ大きいものにした時、正方形の１辺は何 cm になりますか。また、正方形は何枚必要ですか。それぞれ次の長方形の場合について、答えましょう。

①、たて３６cm、よこ６０cm

答、＿＿＿＿cm、＿＿＿＿枚

②、たて４５cm、よこ７５cm

答、＿＿＿＿cm、＿＿＿＿枚

③、たて３２cm、よこ４８cm

答、＿＿＿＿cm、＿＿＿＿枚

公約数の利用

類題８の解答。

①

```
2 ) 36  60
2 ) 18  30
3 )  9  15
     3   5
```

２×２×３＝１２…最大公約数＝正方形の一辺の長さ

３６cm ÷１２cm ＝３枚…たての枚数

６０cm ÷１２cm ＝５枚…よこの枚数

３枚×５枚＝１５枚…正方形の枚数

答、　１２　cm、　１５　枚

②

```
3 ) 45  75
5 ) 15  25
     3   5
```

３×５＝１５…最大公約数＝正方形の一辺の長さ

４５cm ÷１５cm ＝３枚…たての枚数

７５cm ÷１５cm ＝５枚…よこの枚数

３枚×５枚＝１５枚…正方形の枚数

答、　１５　cm、　１５　枚

③

```
2 ) 32  48
2 ) 16  24
2 )  8  12
2 )  4   6
     2   3
```

２×２×２×２＝１６…最大公約数＝正方形の一辺の長さ

３２cm ÷１６cm ＝２枚…たての枚数

４８cm ÷１６cm ＝３枚…よこの枚数

２枚×３枚＝６枚…正方形の枚数

答、　１６　cm、　６　枚

類題９、下の図のように、たてア cm、よこイ cm、高さウ cm の直方体の中に、はしからはしまですきまなく立方体の箱をならべます。この時、ならべる立方体の箱をできるだけ大きいものにした時、立方体の１辺★は何 cm になりますか。また、立方体は何個必要ですか。ア、イ、ウがそれぞれ下の問題の長さの場合を答えなさい。

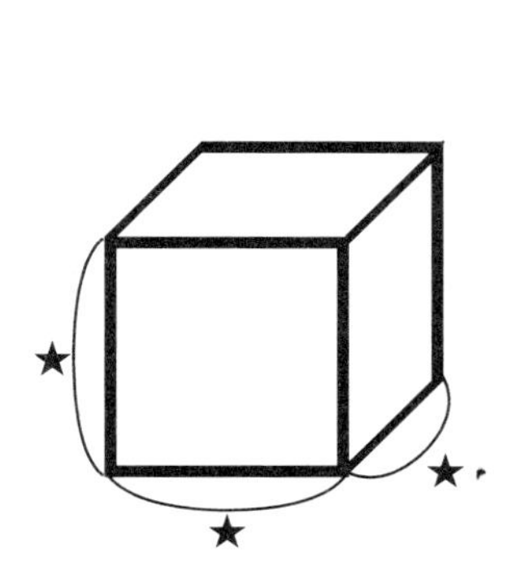

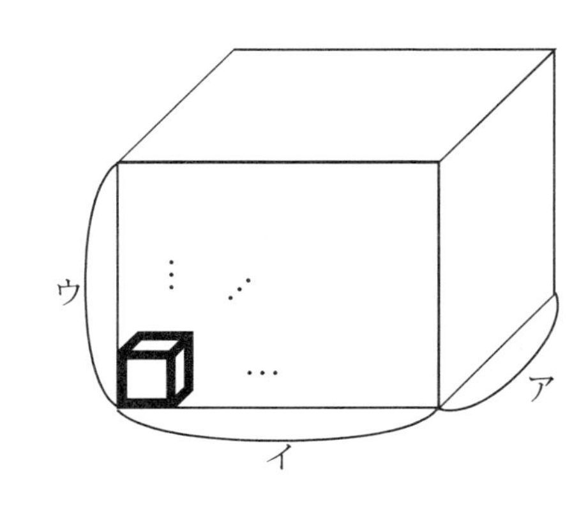

公約数の利用

①、ア：３４cm　イ：１１９cm　ウ：８５cm

答、　　　　　cm、　　　　　枚

②、ア：６６cm　イ：１５４cm　ウ：１１０cm

答、　　　　　cm、　　　　　枚

③、ア：５６cm　イ：１４０cm　ウ：８４cm

答、　　　　　cm、　　　　　枚

★ ★ ★

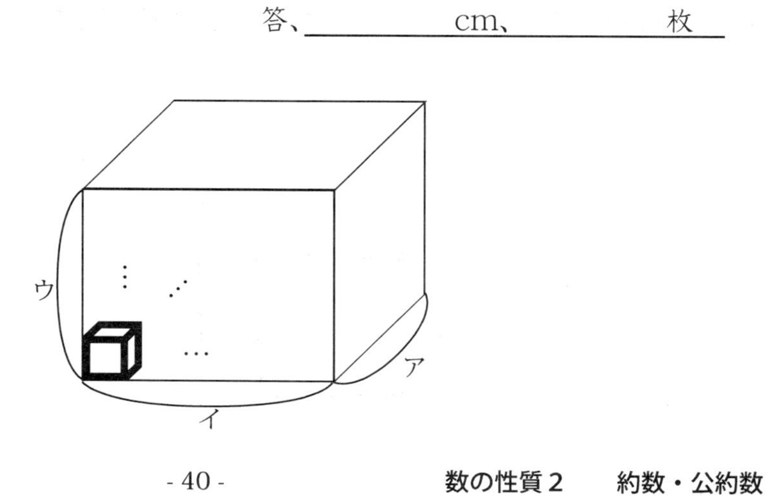

公約数の利用

類題９の解答

①

```
17 ) 34  119  85
     ------------
      2    7   5
```

１７…最大公約数＝立方体の一辺の長さ

３４cm ÷ １７cm ＝２個…たての個数

１１９cm ÷ １７cm ＝７個…よこの個数

８５cm ÷ １７cm ＝５個…高さの個数

２個×７個×５個＝７０個…立方体の個数

答、　１７　cm、　７０　個

②

```
 2 ) 66  154  110
     ------------
11 ) 33   77   55
     ------------
      3    7    5
```

２×１１＝２２…最大公約数＝立方体の一辺の長さ

６６cm ÷ ２２cm ＝３個…たての個数

１５４cm ÷ ２２cm ＝７個…よこの個数

１１０cm ÷ ２２cm ＝５個…高さの個数

３個×７個×５個＝１０５個…立方体の個数

答、　２２　cm、　１０５　個

③

```
2 ) 56  140  84
    -----------
2 ) 28   70  42
    -----------
7 ) 14   35  21
    -----------
     2    5   3
```

２×２×７＝２８…最大公約数＝立方体の一辺の長さ

５６cm ÷ ２８cm ＝２個…たての個数

１４０cm ÷ ２８cm ＝５個…よこの個数

８４cm ÷ ２８cm ＝３個…高さの個数

２個×５個×３個＝３０個…立方体の個数

答、　２８　cm、　３０　個

例題７、チョコレートが１７５個、キャンディーが２４５個あります。これらを子供たちに、それぞれ同じ個数ずつになるように、あまりなくちょうど配りたいと思います。できるだけ多くの子供に配ると、何人の子供に配ることができますか。また、チョコレートとキャンディーはそれぞれ何個ずつ配ることになりますか。

子供の人数を★人とします。あまりなくちょうど配れたのですから、１７５個を★でちょうど割り切ることができます。また２４５個も★で割り切ることができます。つまり★は１７５と２４５の公約数ということです。さらに「**できるだけ多くの子供に配る**」のですから、★の最も大きいもの、つまり１７５と２４５の最大公約数が、

公約数の利用

子供の人数となります。

```
5 ) 175  245
7 )  35   49
      5    7
```

５×７＝３５…最大公約数＝子供の人数

チョコレートは１７５個で、３５人に分けるのですから

１７５個÷３５人＝５個

キャンディーは２４５個で、同じく３５人に分けますから

２４５個÷３５人＝７個

答、　人数　３５　人、チョコレート　５　個、キャンディー　７　個

類題１０、チョコレートが７２個、キャンディーが１０８個あります。これらを子供たちに、それぞれ同じ個数ずつになるように、あまりなくちょうど配れました。子供は１０人以上います。

①、子供の人数は何人でしょうか。考えられる人数を全て答えなさい。

答、＿＿＿＿＿＿＿＿＿＿

②、さらにクッキー９０個も、全員に同じ数だけ配ることができました。子供の人数は何人でしたか。

答、＿＿＿＿＿人

公約数の利用　／　演習問題４

類題１０の解答

①　「子供は１０人以上」ということがわかっていますから、約数のうち１０以上のものが答です。

```
2 ) 72  108
2 ) 36   54
3 ) 18   27
3 )  6    9
     2    3
```

最大公約数は　２×２×３×３＝３６

公約数は　{ 1　2　3　4　6 / 36　18　12　9 }

答、１２人、１８人、３６人

②　７２と１０８と９０の公約数のうち１０以上のものが答です。

あるいは、①の答「１２、１８、３６」と９０の約数との共通のものと考えてもよろしい。

```
2 ) 72  108  90
3 ) 36   54  45
3 ) 12   18  15
     4    6   5
```

２×３×３＝１８

公約数は　１８ { 1　2　3 / 18　9　6 }　答、１８　人

別解　90 { 1　2　3　5　6　9 / 90　45　30　18　15　10 }　このうち、１２、１８、３６と共通のものは１８

答、１８　人

演習問題４

①、たて１７０cm、よこ２３８cm の長方形の中に、はしからはしまですきまなく正方形の紙をならべます。ならべる正方形の紙をできるだけ大きいものにした時、正方形の１辺は何 cm になりますか。また、正方形は何枚必要ですか。

答、＿＿＿＿cm、＿＿＿＿枚

演習問題４

②、たて８４cm、よこ１５６cm、高さ１３２cm の直方体の中に、はしからはしまですきまなく立方体の箱をならべます。この時、ならべる立方体の箱をできるだけ大きいものにした時、立方体の１辺は何 cm になりますか。また、立方体は何個必要ですか。

答、＿＿＿＿＿＿cm、＿＿＿＿＿＿個

③、チョコレートが１０８個、キャンディーが１３５個あります。これらを子供たちに、それぞれ同じ個数ずつになるように、あまりなくちょうど配れました。子供の人数は何人でしょうか。考えられるだけ全て答えなさい。

答、＿＿＿＿＿＿＿＿＿＿＿＿

テスト５

点／１００　合格８０点

１、たて１３０cm、よこ１８２cm の長方形の中に、はしからはしまですきまなく正方形の紙をならべます。この時、ならべる正方形の紙をできるだけ大きいものにした時、正方形の１辺は何 cm になりますか。また、正方形は何枚必要ですか。（各１５点）

答、＿＿＿＿＿cm、＿＿＿＿＿枚

２、たて１１４cm、よこ３９９cm、高さ２８５cm の直方体の中に、はしからはしまですきまなく立方体の箱をならべます。この時、ならべる立方体の箱をできるだけ大きいものにした時、立方体の１辺は何 cm になりますか。また、立方体は何個必要ですか。（各１５点）

答、＿＿＿＿＿cm、＿＿＿＿＿個

テスト５

３、チョコレートが７８個、キャンディーが１８２個、クッキーが１３０個あります。１５人以上の子供たちに、これらをそれぞれ同じ個数ずつになるように分けると、あまりなくちょうど配れました。子供の人数は何人でしょうか。（２０点）

答、＿＿＿＿＿＿＿人

４、チョコレートが１０８個、キャンディーが１８０個、クッキーが２５２個あります。これらを子供たちに、それぞれ同じ個数ずつになるように分けると、あまりなくちょうど配れました。子供の人数は１５人以上２０人以下だとわかっています。子供の人数は何人でしょうか。（２０点）

答、＿＿＿＿＿＿＿人

解　答

P１４

演習問題１

①、１８
1	2	3
18	9	6

②、６４
1	2	4	8
64	32	16	

③、１５０
1	2	3	5	6	10
150	75	50	30	25	15

④、２１０
1	2	3	5	6	7	10	14
210	105	70	42	35	30	21	15

⑤、１２７
1
127

⑥、４５０
1	2	3	5	6	9	10	15	18
450	225	150	90	75	50	45	30	25

P１５

演習問題２

①
2) 8
2) 4
　　2

②
3) 27
3) 9
　　3

③
2) 30
3) 15
　　5

④
2) 140
2) 70
5) 35
　　7

⑤
3) 99
3) 33
　　11

⑥
2) 180
2) 90
3) 45
3) 15
　　5

P１６

演習問題３

①
2) 12
2) 6
　　3

答
	１（全ての整数の約数）
素数１つ	２　３
素数２つ	２×２　２×３
素数３つ	２×２×３

②、
2) 30
3) 15
　　5

答
	１（全ての整数の約数）
素数１つ	２　３　５
素数２つ	２×３　２×５　３×５
素数３つ	２×３×５

解　答

P１６

演習問題３

③
```
2 ) 40
2 ) 20
2 ) 10
      5
```

答	1（全ての整数の約数）
素数１つ	2　5
素数２つ	2×2　2×5
素数３つ	$2\times2\times2$　$2\times2\times5$
素数４つ	$2\times2\times2\times5$

P１７

テスト１

①、２００ ｛ 1　2　4　5　8　10 ／ 200　100　50　40　25　20 ｝

②、５４ ｛ 1　2　3　6 ／ 54　27　18　9 ｝

③、３５０ ｛ 1　2　5　7　10　14 ／ 350　175　70　50　35　25 ｝

④、６６ ｛ 1　2　3　6 ／ 66　33　22　11 ｝

⑤、１３７ ｛ 1 ／ 137 ｝

⑥、１３５ ｛ 1　3　5　9 ／ 135　45　27　15 ｝

⑦、５４０ ｛ 1　2　3　4　5　6　9　10　12　15　18　20 ／ 540　270　180　135　108　90　60　54　45　36　30　27 ｝

⑧、１２８ ｛ 1　2　4　8 ／ 128　64　32　16 ｝

⑨、１６３ ｛ 1 ／ 163 ｝

⑩、６００ ｛ 1　2　3　4　5　6　8　10　12　15　20　24 ／ 600　300　200　150　120　100　75　60　50　40　30　25 ｝

P１９

テスト２

①
```
2 ) 12
2 )  6
     3
```

②
```
2 ) 16
2 )  8
2 )  4
     2
```

③
```
2 ) 36
2 ) 18
3 )  9
     3
```

④
```
2 ) 140
2 )  70
5 )  35
      7
```

解　答

P20

テスト2

⑤
2) 72
2) 36
2) 18
3) 9
　　3

⑥
2) 120
2) 60
2) 30
3) 15
　　5

⑦
2) 168
2) 84
2) 42
3) 21
　　7

⑧
2) 360
2) 180
2) 90
3) 45
3) 15
　　5

⑨
2) 1080
2) 540
2) 270
3) 135
3) 45
3) 15
　　5

⑩
2) 1008
2) 504
2) 252
2) 126
3) 63
3) 21
　　7

P21

テスト3

① 2) 4
　　2

答　1（全ての整数の約数）
素数1つ　2
素数2つ　2×2

② 2) 6
　　3

答　1（全ての整数の約数）
素数1つ　2　3
素数2つ　2×3

③
2) 18
3) 9
　　3

答　1（全ての整数の約数）
素数1つ　2　3
素数2つ　2×3　3×3
素数3つ　2×3×3

④
3) 45
3) 15
　　5

答　1（全ての整数の約数）
素数1つ　3　5
素数2つ　3×3　3×5
素数3つ　3×3×5

⑤
5) 125
5) 25
　　5

答　1（全ての整数の約数）
素数1つ　5
素数2つ　5×5
素数3つ　5×5×5

解　答

P２２

テスト３

⑥
2) 50
5) 25
　　5

答　1（全ての整数の約数）
- 素数１つ　2　5
- 素数２つ　2×5　5×5
- 素数２つ　2×5×5

⑦
2) 210
3) 105
5) 35
　　7

答　1（全ての整数の約数）
- 素数１つ　2　3　5　7
- 素数２つ　2×3　2×5　2×7　3×5　3×7　5×7
- 素数３つ　2×3×5　2×3×7　2×5×7　3×5×7
- 素数４つ　2×3×5×7

⑧
2) 280
2) 140
2) 70
5) 35
　　7

答　1（全ての整数の約数）
- 素数１つ　2　5　7
- 素数２つ　2×2　2×5　2×7　5×7
- 素数３つ　2×2×2　2×2×5　2×2×7　2×5×7
- 素数４つ　2×2×2×5　2×2×2×7　2×2×5×7
- 素数５つ　2×2×2×5×7

⑨
2) 300
2) 150
3) 75
5) 25
　　5

答　1（全ての整数の約数）
- 素数１つ　2　3　5
- 素数２つ　2×2　2×3　2×5　3×5　5×5
- 素数３つ　2×2×3　2×2×5　2×3×5　2×5×5　3×5×5
- 素数４つ　2×2×3×5　2×2×5×5　2×3×5×5
- 素数５つ　2×2×3×5×5

⑩
2) 106
　　53

答　1（全ての整数の約数）
- 素数１つ　2　53
- 素数２つ　2×53

P３４

テスト４

①
2) 24　36
2) 12　18
3) 6　9
　　2　3

最大公約数は　2×2×3＝12

12の公約数
$$\begin{Bmatrix} 1 & 2 & 3 \\ 12 & 6 & 4 \end{Bmatrix}$$

答、1　2　3　4　6　12

解　答

P３４

テスト４

②
2) 42　60
3) 21　30
　　 7　10

最大公約数は　２×３＝６

６の公約数 { １　２ / ６　３ }

答、１　２　３　６

③
5) 105　140
7) 21　28
　　 3　4

最大公約数は　５×７＝３５

３５の公約数 { １　５ / ３５　７ }

答、１　５　７　３５

④
3) 30　75　105
5) 10　25　35
　　 2　5　7

最大公約数は　３×５＝１５

１５の公約数 { １　３ / １５　５ }

答、１　３　５　１５

⑤
5) 50　75　125
5) 10　15　25
　　 2　3　5

最大公約数は　５×５＝２５

２５の公約数 { １　５ / ２５ }

答、１　５　２５

⑥
2) 72　120　360
2) 36　60　180
2) 18　30　90
3) 9　15　45
　　 3　5　15

最大公約数は　２×２×２×３＝２４

２４の公約数 { １　２　３　４ / ２４　１２　８　６ }

答、１　２　３　４　６　８　１２　２４

⑦
2) 84　210　252　630
3) 42　105　126　315
7) 14　35　42　105
　　 2　5　6　15

最大公約数は　２×３×７＝４２

４２の公約数 { １　２　３　６ / ４２　２１　１４　７ }

答、１　２　３　６　７　１４　２１　４２

⑧
23) 138　230　276　345
　　 6　10　12　15

最大公約数は　２３

２３の公約数 { １ / ２３ }

答、１　２３

解　答

Ｐ３６

テスト４

⑨
```
2 ) 168  252  504  1176  2520
2 )  84  126  252   588  1260
3 )  42   63  126   294   630
7 )  14   21   42    98   210
      2    3    6    14    30
```

最大公約数は　２×２×３×７＝８４

８４の公約数　{ １　２　３　４　６　７ / ８４　４２　２８　２１　１４　１２ }

答、１　２　３　４　６　７　１２　１４　２１　２８　４２　８４

⑩
```
 7 ) 182  273  546  2730  3822
13 )  26   39   78   390   546
       2    3    6    30    42
```

最大公約数は　７×１３＝９１

９１の公約数　{ １　７ / ９１　１３ }

答、１　７　１３　９１

Ｐ４３

演習問題４

①
```
 2 ) 170  238
17 )  85  119
       5    7
```

２×１７＝３４…最大公約数＝正方形の一辺の長さ

１７０cm÷３４cm＝５枚…たての枚数

２３８cm÷３４cm＝７枚…よこの枚数

５枚×７枚＝３５枚…正方形の枚数

答、３４　cm、　３５　枚

②
```
2 ) 84  156  132
2 ) 42   78   66
3 ) 21   39   33
     7   13   11
```

２×２×３＝１２…最大公約数＝立方体の一辺の長さ

８４cm÷１２cm＝７個…たての個数

１５６cm÷１２cm＝１３個…よこの個数

１３２cm÷１２cm＝１１個…高さの個数

７個×１３個×１１個＝１００１個…立方体の個数

答、１２　cm、１００１　個

③　公約数すべてが答になります。

```
3 ) 108  135
3 )  36   45
3 )  12   15
      4    5
```

最大公約数は　３×３×３＝２７

公約数は　{ １　３ / ２７　９ }

答、１人、３人、９人、２７人

解　答

P４５

テスト５

1

```
 2 ) 130  182
13 )  65   91
       5    7
```

２×１３＝２６…最大公約数＝正方形の一辺の長さ
１３０cm÷２６cm＝５枚…たての枚数
１８２cm÷２６cm＝７枚…よこの枚数
５枚×７枚＝３５枚…正方形の枚数

答、２６　cm、　３５　枚

2

```
 3 ) 114  399  285
19 )  38  133   95
       2    7    5
```

３×１９＝５７…最大公約数＝立方体の一辺の長さ
１１４cm÷５７cm＝２個…たての個数
３９９cm÷５７cm＝７個…よこの個数
２８５cm÷５７cm＝５個…高さの個数
２個×７個×５個＝７０個…立方体の個数

答、５７　cm、７０　個

3　公約数すべてが子供の人数の可能性があります。

```
 2 ) 78  182  130
13 ) 39   91   65
      3    7    5
```

最大公約数は　２×１３＝２６

公約数は　｛１　２／２６　１３｝

子供の人数は、１人、２人、１３人、２６人の可能性がありますが、問題で「１５人以上」とありますので、答えは２６人の場合だけ正解です。

答、２６人

4　公約数すべてが子供の人数の可能性があります。

```
2 ) 108  180  252
2 )  54   90  126
3 )  27   45   63
3 )   9   15   21
      3    5    7
```

最大公約数は　２×２×３×３＝３６

公約数は　｛１　２　３　４　６／３６　１８　１２　９｝

子供の人数は、１人、２人、３人、４人、６人、９人、１２人、１８人、３６人の可能性がありますが、問題で「１５人以上２０人以下」とありますので、答えは１８人の場合だけ正解です。

答、１８人

M.acceess　学びの理念

☆**学びたいという気持ちが大切です**
勉強を強制されていると感じているのではなく、心から学びたいと思っていることが、子どもを伸ばします。

☆**意味を理解し納得する事が学びです**
たとえば、公式を丸暗記して当てはめて解くのは正しい姿勢ではありません。意味を理解し納得するまで考えることが本当の学習です。

☆**学びには生きた経験が必要です**
家の手伝い、スポーツ、友人関係、近所付き合いや学校生活もしっかりできて、「学び」の姿勢は育ちます。
生きた経験を伴いながら、学びたいという心を持ち、意味を理解、納得する学習をすれば、負担を感じるほどの多くの問題をこなさずとも、子どもたちはそれぞれの目標を達成することができます。

発刊のことば

「生きてゆく」ということは、道のない道を歩いて行くようなものです。「答」のない問題を解くようなものです。今まで人はみんなそれぞれ道のない道を歩き、「答」のない問題を解いてきました。

子どもたちの未来にも､定まった「答」はありません。もちろん「解き方」や「公式」もありません。

私たちの後を継いで世界の明日を支えてゆく彼らにもっとも必要な、そして今、社会でもっとも求められている力は、この「解き方」も「公式」も「答」すらもない問題を解いてゆく力ではないでしょうか。

人間のはるかに及ばない、素晴らしい速さで計算を行うコンピューターでさえ、「解き方」のない問題を解く力はありません。特にこれからの人間に求められているのは、「解き方」も「公式」も「答」もない問題を解いてゆく力であると、私たちは確信しています。

M.access の教材が、これからの社会を支え、新しい世界を創造してゆく子どもたちの成長に、少しでも役立つことを願ってやみません。

思考力算数練習帳シリーズ３６
数の性質２　約数・公約数　新装版　整数範囲　(内容は旧版と同じものです)

新装版　第１刷
編集者　M.access（エム・アクセス）
発行所　株式会社　認知工学
〒６０４―８１５５　京都市中京区錦小路烏丸西入ル占出山町 308
電話　（０７５）２５６―７７２３　email : ninchi@sch.jp
郵便振替　０１０８０－９－１９３６２　株式会社認知工学

ISBN978-4-86712-136-8　C-6341　A36080124K

定価＝ 本体６００円 ＋税